建筑创作新设计作品100丛书 · 作品系列／《建筑创作》杂志社 编

中央财经大学新校区教学区设计

Design for the Teaching Area in New Campus of **CUFE**

中国建筑工业出版社

中央财经大学
新校区教学区
Teaching Area in
New Campus of
CUFE

目录
Contents

序言
我们在等待——《中央财经大学新校区教学区设计》

FOREWORD
"Design for the Teaching Area in New Campus of CUFE "

王瑶琪
Wang Yaoqi

三月，花初开的季节，中央财经大学沙河校区萌动着春意，在枯黄中略略泛着青色的树丛和草地间，显露出轻盈的身影，在错落有致的楼宇和院落中，散发出探求的气息。这是一个青春的所在，这是一个成长的校园，这也是一幅还未完成的蓝图。

回顾学校沙河校区建设启动之时，面对一片田野，我们将会收获一个怎样的校园，期待中也充满着疑虑。2005年，中国版图上大规模的大学之造城运动已经接近尾声，我们的校园建设才刚刚步入实质性进展。在当时已经完成的校园建筑中，由于校园占地面积普遍较大，设计师们运用了各种理论、方法和技术来实现宏伟的建筑——大的建筑、大的广场、大的草地，等等——以彰显被压抑多年的高等学校校园扩张之需求。总之，与高等教育快速扩张有着密切关系的校舍短缺问题，在新建校园中通过各个庞大的建筑个体的矗立，使之得以缓解。

中央财经大学沙河校区，占地约80公顷，可建设用地约50公顷，规划建筑面积约50万平方米。考虑到总体建筑面积和办学辅助设施的占地面积，这是一片极其紧凑的土地；尤其是与全国各地已完工的新兴大学校园相比，这块土地更显局促。如何在其中实现良好的建筑效果，是我们和建筑师的共同课题。中国建筑设计研究院的崔愷院士，亲自主持了中财大沙河校区的总体规划设计，以中广电广播电影电视设计研究院黄淑明女士为项目负责人，叶欣先生为主创建筑师的设计团队，经过竞标成为校区首期教学区单体建筑的设计方。在所有图上作业开始之前，我们就以下问题进行了深入的探讨：（1）大学的核心实质是什么；（2）大学校园与大学精神的承载关系；（3）选择什么样的建筑形式阐述学校特质和精神；（4）校园建筑与师生的生态关系；（5）校园建筑与周边环境的协调关系；（6）校园建筑在未来空间上扩展的可能，等等。非常幸运的是，我们就上述问题很快达成了一致。

我们认为，大学的实质是人类已有文明精华的收藏地、传播地和新思想、新技术的创造源。通过大学教育这一特殊活动，使得师生们成为社会文明创造的有生力量。大学校园是大学精神得以固化的存在，使无形的精神得到有形的寄托，使澎湃的思索获得理性的表达。由于孕育的背景不同，拥有的资源不同，发展的方向不同，关注的重点不同等原因，不同的大学逐渐形成了各具特色的精神禀赋，也造就了千差万别的校园景观。中央财经大学，作为一所在国内财经领域占据重要地位的国家直属高校，其研究领域对中国经济的发展有着重要价值，其培养的毕业生多在管理国民财富的各个环节发挥作用。因此，我们希望中财大的学生懂得如何善待财富。所谓善待财富，则是既不仰视富贵，也不鄙视贫穷。以优雅的姿态对待财富，妥善地管理财富。我们深信事实上存在这一逻辑关系：只有今日播下理想之种，才能在明日收获希望之实。只有善待教师员工，他们才可能善待学生；只有善待学生，他们才可能善待社会。我们希望在校园建筑中采取一种优雅的姿态，传递一种无声的情怀。

基于上述共识，选择一种适宜师生研究、学习和生活的建筑形态，胜过那些彰显权力存在的建筑形态。这里的教学科研活动既需要严谨沉思的场所，也需要平等对话的空间；既需要理性成长的土壤，也需要个性张扬的天空。鉴于教学区的规划容积率为0.9，绿化率为40%，限高从18米、24米到30米有三个梯度，为校园建筑的舒适性和多样性提供了较好的技术基础，于是，建筑师们选择了中国传统书院的格局，以满足建筑之开合功能；选择了略有偏转的建筑占位，以避免由于用地局促而缺乏内涵；选择了稍许蜿蜒曲折的园中路，以预示求学之道的不平坦；选择了与景观匹配的建筑形态，以获得探究知识文明的情趣，等等。整个设计方案始终朝向校园生活的主体——教师和学生。在建筑色彩的方面，选择了一种沉静的土褐色基调，以获取历史和财富沉淀的质朴感觉，避免了不恰当的炫耀与挥霍之感，消除了暴发户式的张扬。在建筑室内布局和内庭外院的布置方面，既有教师独立工作的空间，也有教师之间、教师与管理人员之间和师生之间相互交流的区域，为思想火花的产生与碰撞提供了充分的机会。在建筑门窗的朝向方面，结合北京地区的气候特征，尽可能优化采光、通风和景观。与建筑完成以后再考虑绿化方案的常规作业流程不同，在建筑设计时已描述未来的景观效果，基本上实现了每扇窗口都有绿意晃动，使人在紧张工作学习之余得以放松。

中财大沙河校区地处北京市昌平区，区域内山地与平原结合的自然条件，悠久的历史文化、丰富的旅游景观以及现代科技商务花园城的定位，兼具悠远的郊野气质和浓厚的人文气质。与设立在都市核心圈紧凑型的老校区不同，新校区的基调比较舒缓和沉静。校区既是独立的个体，又是昌平新城的有机组成。建筑落成以后随之跟进的景观工程，进一步阐释了单体建筑的设计理念。可以预期，随着树木的生长，绿色掩映中透露出的墙角和窗棂，缤纷花丛中闪动的身影和书页，将更加充分地体现这一生态校园的特质。理论与现实的对应，思维与客观的对视，当下与未来的牵连，都将在人与自然的呼应中得到逐步的实现。至于并不庞大的建筑个体，也为多年后也许发生的变迁留下了更多的可能，至少使得更改的成本比较可控，更改的方案可以更加灵动。

沙河新校区首期教学区的设计团队，将建筑作为使用者的建筑，将学校的特质作为建筑的特质，将建筑师的个人印迹压缩到最小空间。恰恰在这个压缩过程中，最大限度地释放了建筑师的才智，成就了一批独一无二的建筑群，成就了建筑师的设计灵魂。我们非常幸运，可以彼此理解，分享理念，同甘共苦。只因为我们有着一致的目标，让建筑这一凝固的音乐，时代的表征，述说着我们同样的追求。

在历史之河沿上，张望着，也憧憬着。北京初春的三月，我们在静静地、耐心地等待……结果的那一天。

（王瑶琪：中央财经大学副校长、博士生导师）

学生街中部
Middle part of the
Students' Street

学生街
Students' street

学生街看外语学院
Foreign Language College viewed from Students' Street

外语学院
Foreign Language College

前言
PREFACE

叶欣　黄淑明
Ye Xin　Huang Shuming

质疑

近年来，全国各地校园基础设施大量建设，新校区和高教园区如雨后春笋般涌现，莘莘学子在崭新的校园里开始新的人生征途。校园建筑带来的主观感受将直接或间接影响他们的人生观和世界观。

这片广阔的市场给相关产业带来众多机遇的同时，我们不禁要问：现代校园空间布局模式应该是什么样的？试看当今主流的新校区规划布局方式——优美的大构图总平面、宽广的校园前广场、开阔的水景及绿化，主楼或者图书馆居于正中，学院楼群和宿舍楼群沿校园道路整齐排开，秩序俨然……某种感觉上非常类似于政府部门新建的城市行政中心：超尺度、高台阶、大广场，讲究对称、轴线、方位和气势。尼采执拗地认为建筑是一种权力的雄辩术。这类建筑似乎反映了建造者的某种雄心抱负、不安全感和动机，正因如此，它便忠实地折射出权力的本质——

它的策略、它的安慰和它给权力行使者带来的冲击。

千篇一律的新校区使得原有的场地肌理和尺度被粗暴地撕裂了，它完全抹杀了建筑的地域性、功能性、场地特性，更谈不上实用性和投资效率，这与“大学之道”南辕北辙，与陈寅恪先生倡导的“独立之思想，自由之人格”亦相去甚远。我们切切实实感到了一种人文上的缺失和精神上的悖谬。不久前，简·雅各布斯编写的《美国大城市的死与生》中文版出版了。50多年前的著述，于今天的中国却并不过时，甚至更应当称为“恰逢其时”，因为在中国的城市里，充斥着与当年雅各布斯笔下同样的官僚机制和城市毁灭机制。

求解

“建筑可以创造不朽的历史，但历史上没有不朽的建筑”。毋庸置疑，舒适与效率是建筑的本原。建筑抛弃掉它不应承受的重担时，才可能重新唤起人们对事物的思考，才可能回归其本原精神。

基于此，设计组在接到中央财经大学沙河新校区方案竞标邀请后，便开始苦苦寻找一种新的设计途径和解决方式。我们是幸运的，因为我们遇到了难得的业主和一位开明的领导——中央财经大学王瑶琪副校长。设计之初，王校长向我们推荐了C·亚历山大、S·安吉尔和M·西尔佛编写的《俄勒冈实验》。这是一部关于大学校园规划的经典著作，其主要理论是“有机秩序、参与、分片式发展”等，并应用“模式、诊断、协调”等方法和手段逐步实现校园规划。

中国建筑设计院的同行们在做整个新校区的规划时已经走在了我们的前面，他们对《俄勒冈实验》进行了系统研究，在制定的控制性详规中提出了29条“建筑模式语言论”[1]，提出了初步构想，希望中央财经大学成为昌平沙河高教园区内一个全新的大学校园。可以看到，这些模式

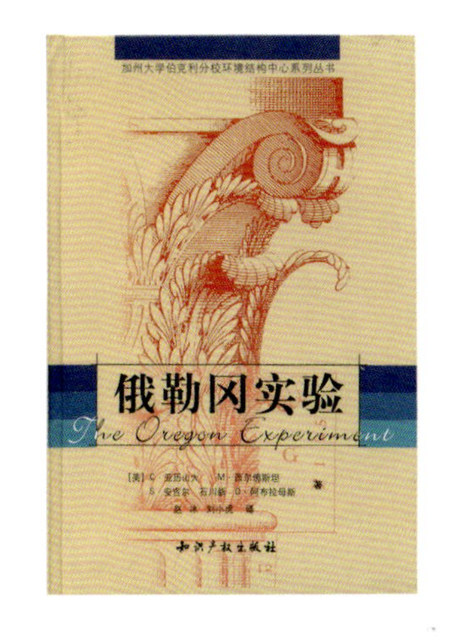

本身就是一个生长的过程。从建筑体系到环境体系，每条模式各有侧重，模式之间又能够相互组合、叠加和影响，保证了校园规划的合理与秩序。

我们对模式语言逐一加以深化、优化、修正和局部调整，以充分体现倡导自然、生态和以人为本的宗旨，要求所有的设计和建造都在制定的“模式”指导下进行，并自然地有机生长。认识到规划和建筑是一个引导过程，传统的校园规划创造出了“总体秩序”， 却没有创造“有机秩序”。主张通过总体规划制定足够的指导方针，使这些方针既能够为整体环境提供一致性，又为特定的建筑和开放空间提供一定自由度。

通过我们的努力，中央财经大学新校区在沙河高教园区中率先建成，新环境新建筑将成为学校国际化战略的重要保障，为中央财经大学建成国内一流、国际知名的高水平研究型和谐校园打下坚实基础。

在此，由衷地感谢中央财经大学王瑶琪副校长、曾宇波处长、赵海鹰副处长，感谢中广电设计研究院的院、所领导和整个项目组辛苦奋战的设计人员，感谢崔愷先生在方案设计过程中给予的悉心指导，以及中建一局2公司、中铁22局6公司的全体施工人员。

（2013年春节）

❶ 这29条模式分别是：1.中心街；2.书院；3.中心广场；4.学生社区；5.便捷的步行距离；6.体育公园；7.分散的活动场地；8.学习与生活；9.教学科研实践的结合；10.学院共享；11.民主化的行政办公；12.开放式的大学；13.林荫大道；14.乡间小路；15.地下车库；16.小型绿化停车场；17.自行车棚；18.连廊和空中步行系统；19.交通核；20.绿野中的艺术殿堂；21.可渗透的绿地；22.主题庭院；23.田园野趣；24.水景；25.眺望远山的平台；26.交流中心；27.街道生活；28.生态聚落；29.可持续发展。

中央财经大学
教学楼鸟瞰
（效果图）
Bird-eye's view of the
Teaching Building of Central
University of Finance and
Economics
(rendering)

工程概况
PROJECT SPECIFICATION

项目名称：　中央财经大学新校区教学区

建设地点：　北京市昌平高教园区

建设单位：　中央财经大学

设计单位：　中广电广播电影电视设计研究院

用地面积：　95 900m^2

建筑面积：　18 200m^2（主楼），26 400m^2(学院楼)

建筑高度：　24.0m（主楼），16.0m(学院楼)

设计时间：　2007年1月

竣工时间：　2012年5月

方案设计：　叶　欣　张永轩　杨　健　刘向明　高　伟　陈　惠　王大川

项目负责人：黄淑明

建筑专业：　叶　欣　刘向明　陈　惠　张　菡

结构专业：　魏　军　刘　瑱　苗建义　王　莹

暖通专业：　柴　华　荣　鹏

给排水专业：李　阳

电气专业：　吕静坤　潘国林　张寅初

建筑摄影：　杨超英

施工单位：　中建1局2公司，中铁22局6公司

学生街街景
（效果图）
Students'
Street view
(rendering)

英文综述

Design for the Teaching Area in New Campus of CUFE

Client: Central University of Finance and Economics (CUFE)
Year of Design: 2007
Year of Completion: 2012
Site Area: 95,900m^2
Floor Area: 45,000m^2

1 Doubts

A popular mode of thinking in campus planning in China is that a university campus would consist of a magnificent open square, fabulous waterscape and beautiful lawns and trees with the main building and library at the center and other buildings and dormitories lying orderly along the roads. Similar to that of administrative buildings or squares, this way of campus layout lays so much stress on size, height, symmetry, axis, location of the buildings and the majestic effect they have that it violates the original texture and dimensions of places, blurs out the distinctions between regions and hence paralyzes functions, leaving no room for architectural practicality and returns of investment. The mindset is opposite to the principle of "independence in thinking and personality" as

Professor Yinko Tschen, a prestigious Chinese educator, put it, that universities are supposed to disseminate.
A couple of years ago, the Chinese version of Jane Jacobs's the Death and Life of Great American Cities was published. Despite the fact that the book was written half a century ago in the United States, it is not out-fashioned at all as it vividly depicts the bureaucracy and self-destruction of cities of current China.

2 The solutions

No architecture is immortal. The immortality in design is itself alien to the nature of buildings, which is that of practicality and efficiency. Only when architecture is relieved from the heavy burden of immortality can it evoke people's imagination and return to its original spirit.

Hence we tried to seek solutions after being invited to bid for the design of CUFE Shahe new campus, which is located at the north corner of Changping Higher Education Park, Beijing. I eventually found my muse in Christopher Alexander's The Oregon Experiment, a classic in campus community planning, which prescribes that "feeling" should be the primary criteria used for making changes to any place. Care should be taken to curb the economic and political power of large monolithic projects. Places should be shaped for people, to make them feel more whole, and to nourish them. And people should be involved in the construction of their community. After systematic research on the book, we proposed for the campus community, hoping that it would help the CUFE campus stand out among campuses in the Park.

3 The Principle

The principle behind the planning is to seek interaction, shared improvement and diversified growth between people and environment they live in to provide students with cultural nourishment, fire their imagination and inspire their creativity. The space sequence is embodied in the module of one center (a road dotted with linked-up squares), two axes (a north-south principal axis and a green axis), three-layered courtyards and several colleges.

4 Innovations

(1) The main teaching building

Key words: compatibility in diversity; gray space; material texture

The main teaching building is 24 m tall with five above ground floors and one underground floor. Its layout resembles a Chinese seal with a lineal podium on its side. The stilts used in the first floor make enough room for students to walk through. And the sense of place rendered by the "gray space" and the orderly pillars add charm to the design. There is an atrium in the middle and two yards on the side. A 1000 m^2 large terraced grassy slope in the east of the building leads to the second floor, which is a perfect spot for students to engage in all sorts of activities such as reading, studying and chatting.

The dark- and light-colored concrete hanging slabs used to build up the solid walls give one both senses of simplicity and massiveness. And use of two-sided wood texture HPL for the curtain wall eases the massiveness. A mixture of concrete, glass, steal and wood is the best combination of material in design.

(2) The College Buildings

Key words: a road dotted with linked-up squares; three-layered courtyards

Financial mathematics is based on the theoretical perception of regularity of a great many random factors. To adopt the idea into our design, we venture on a plan, which breaks away from the conventions by rearranging the orderly arranged buildings and making room for irregular spaces and trapezoidal squares of different functions such as reading corners and solons. These buildings will be surrounded by trees so as to accentuate the delicacy and scholarly identify of the design. Lecture theaters at the entrance of different colleges will be painted with distinctive colors. The road dotted with linked-up squares connect three different kinds of yards (open square linking different schools, yards and atriums of each school) and three layers of yards, which greatly blur out the boundary between roads and squares and makes everything part of the scenery.

The modular concept is applied in the design of seven colleges and the technique of masonry in building the composite walls enriches the sense of handicraft and quality. To work with brick layers to achieve the expected effect brought unexpected fun to me.

5 Conclusion

We believe that the new CUFE campus will be the highlight among campuses in Changping Higher Education Park and its originality and practicality will provide culture nourishment to students, fire their imagination, inspire their creativity and help the CUFE rank among the world-renowned universities.

设计理念

Design Conception

叶欣　黄淑明
Ye Xin　Huang Shuming

新校区现场
New campus site

背景

中央财经大学新校区位于北京市昌平高教园区，地处北六环路以南、京藏高速以东区域，总规划面积670公顷。高教园区将吸纳中央财经大学、北京航空航天大学、北京邮电大学、北京外交学院和北京师范大学等5所全国重点高校入驻，总建筑面积500万m^2，计划入驻规模学生约8万人,教职工2万余人。园区定位成为国内一流大学的聚合地。在保持各校特色，充分考虑资源共享及高校后勤社会化的基础上，通过教学科研等资源共享促进基础学科、边缘学科、交叉学科的共同发展，提高共享资源的利用率，将实现学生自由选课，并取消大学之间的围墙。

构思

大学校园作为教学、科研和交流的载体，体现着大学内部活动的历史变迁，反映着大学在城市中功能的发展轨迹。

大学的空间规划在一般意义上可划分为5代：第一代是13世纪起的中世纪封闭型校园；第二代是工业革命后的功能分区型校园；第三代是19世纪后以美国为代表的自由交往校园；第四代是“二战”后出现的多层次、多元化高等教育方式的校园；第五代校园空间布局模式是“功能区→建筑＋园林＋流线”，更多地考虑知识经济时代、全球化背景的空间特征，以及其中的大学办学思想和精神知识创造活动的特质。

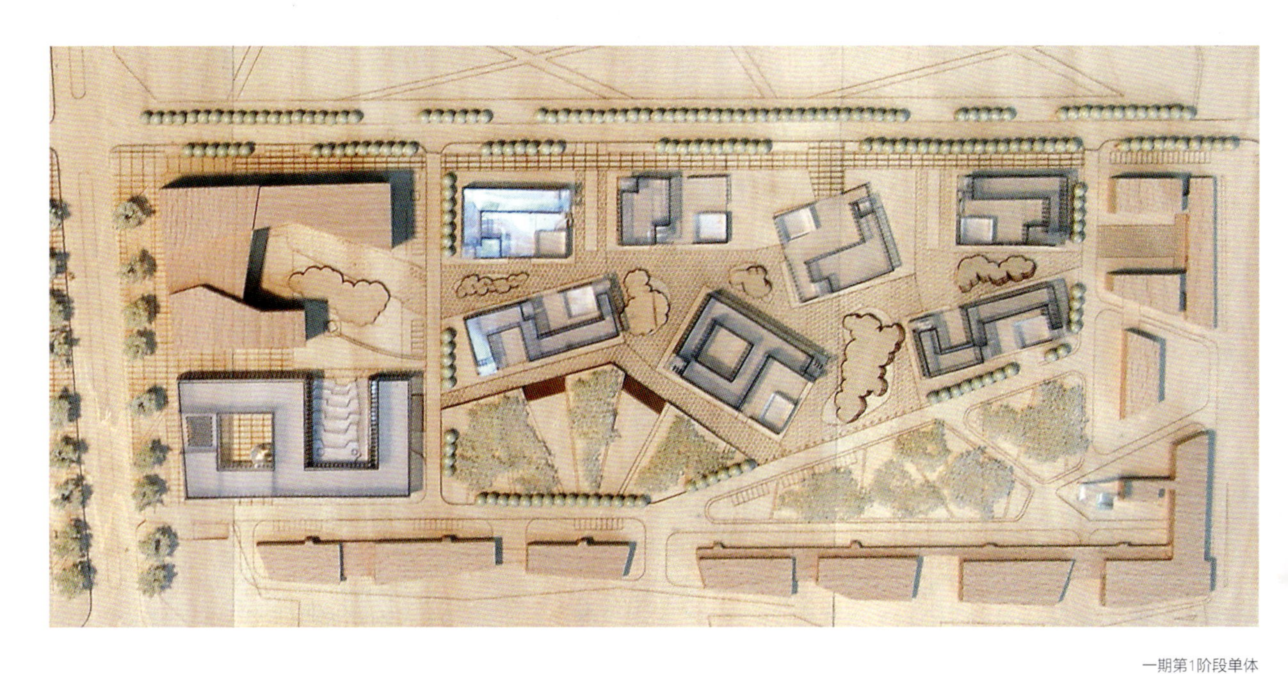

一期第1阶段单体
建筑方案
Schematic design
of independent
buildings of stage
1 in phase 1

中央财经大学给我们的印象是理性而高效的研究型大学。我们希望遵循自然有机生长和院落布局结构，摆脱传统框架的束缚和以往通常校园大构图、大绿地的巨构形式——以开放式的庭院模式代替大一统的集中式布局，以街坊式空间分散布置各个地块，并采用宜人的空间尺度，使各个单体建筑的均好性得到保障，给中央财经大学的师生创造优美的学习生活环境，激发学生的洞察力和交流能力，培养他们善于思考、勇于探索的精神。

Campus在拉丁语中是连绵不断绿地的意思，设计中引入大学园林的概念，并具有以下特征：(1) 空间拓展和结构重组；(2) 交流共享化空间成为核心空间；(3) 产、学、研一体化；(4) 自然与人文融合。

在总平面设计中采用开放式的庭院结构和街坊式的空间形态，宏观上完善新校区的空间结构，使建筑、景观、道路、广场服从于整体规划；微观上通过单体建筑的围合、呼应、指向、共享来实现有机生长、交融共生。首先，将校园主路开端上的“四大建筑”（教学主楼、图书馆、食堂、学生活动中心）加以整合，形成一条贯穿东西区的开阖变化的“学生街（广场）”。第二，引入“梯形广场”和“三层级院落”的概念，对学院楼的连续空间进行串联，将院落组团概念拓展，使大组团更具包容性，小院落更趋于内敛。新校区限高30m，容积率限制在0.75，建筑在大尺度的地景中融入环境，若隐若现。

空间序列建构和建筑形态演变形成了“一个中心”（学生街）、“两条轴线”(南北主轴线和生态轴线)、“三进院落”和“数个书院”的模式。

学院区鸟瞰
（效果图）
Bird-eye’s view of
campus(rendering)

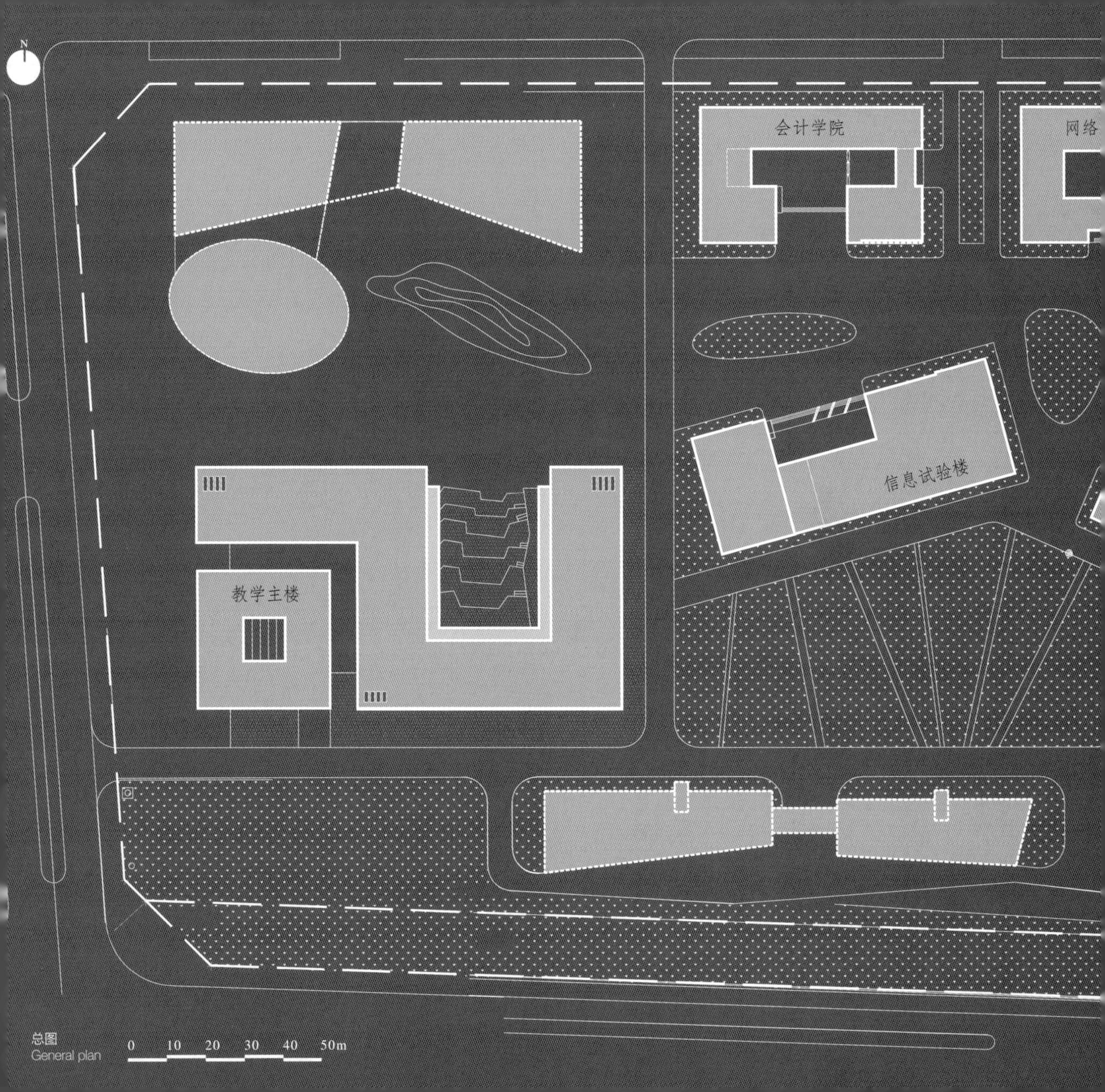

总图
General plan

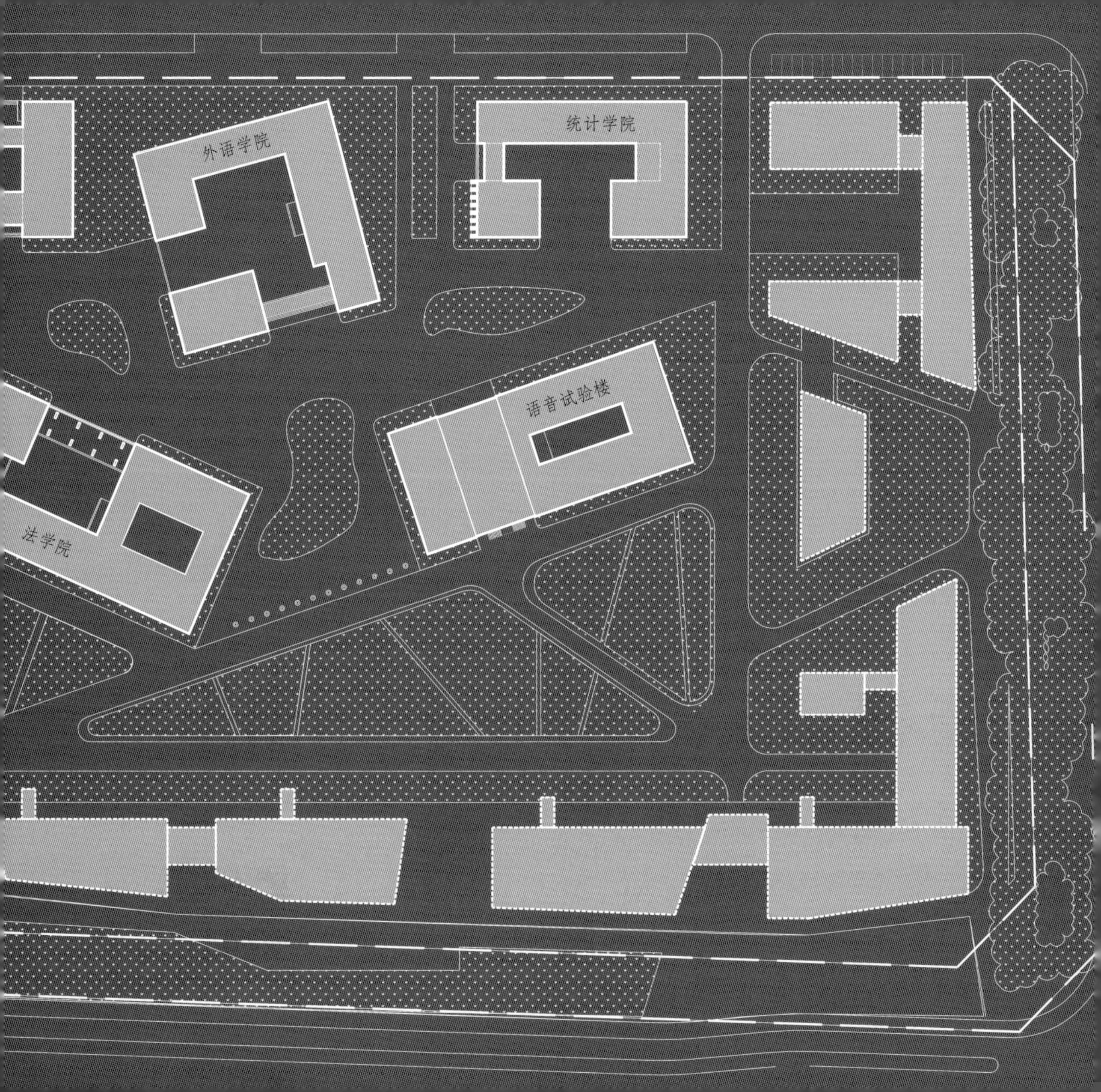

外语学院
统计学院
语音试验楼
法学院

全过程创新

1. 教学主楼

要点：和而不同、退台景观、清水混凝土挂板

教学主楼位于整个教学区东侧，靠近主校门。作为进入新校区看到的第一个重要建筑物应具有一定的标识性，需要体现财经建筑的个性；同时还要强调它的整体感，与北侧图书馆形成对话，充分体现公众性和开放性。

教学主楼地上5层、地下1层，高度24m，平面布局为一方“印”加一个线性布置的裙房。底层的大量架空便于学生穿越，灰空间的临场感和柱廊的序列感颇具创意。建筑内有一个中庭，两个边庭，便于学生交流。东侧是一个约1000m^{2}的退台草坡绿化，经此草坡可上至二层。建成后成为学生们喜爱的学习、活动的场所。

混凝土、玻璃、钢、木构是建筑材料语言的最好诠释。实墙部分采用深浅两色清水混凝土挂板以获得朴素、厚重的质感，幕墙部分则采用宽窄变化的木纹板对表皮进行局部放松。

教学主楼北侧透视（效果图）
North perspective of the main building (rendering)

主楼柱廊
Colonnade of the main building

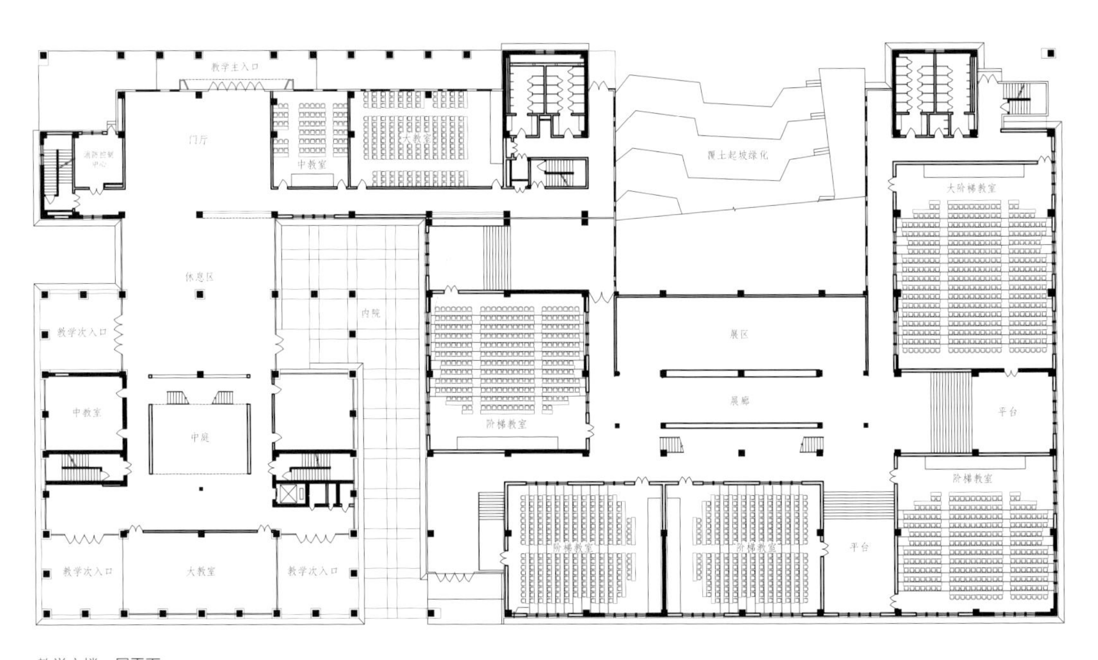

教学主楼一层平面
1st floor plan of the
main building

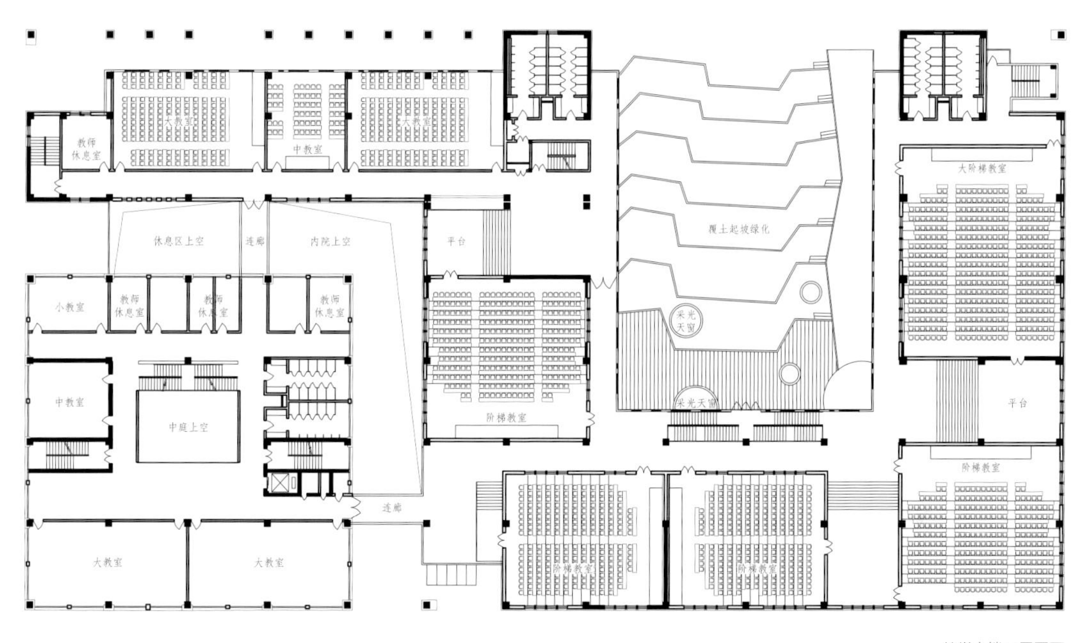

教学主楼二层平面

2nd floor plan of the main building

主楼西南侧
Southwest side of the main building

主楼南入口
South entrace of
the main building

主楼南侧局部
South part of the main building

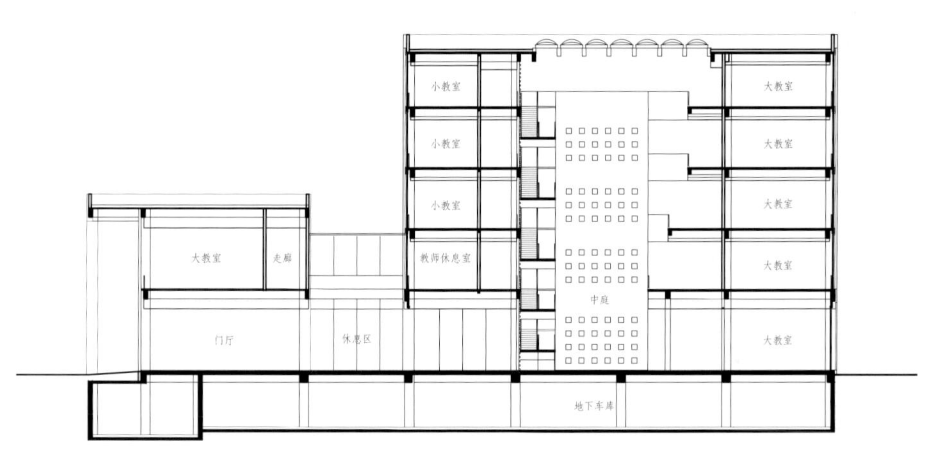

教学主楼剖面
Section of the main building

主楼退台绿化平台
Greening platform
at main building
setback

主楼坡道
Ramp of main building

主楼坡道
Ramp of main
building

主楼中庭
Atrium of the main building

主楼中庭
Atrium of the main building

2. 学院楼

要点：学生街、三层级院落、清水砖复合墙

大量无序因子的规律性把握是当今金融数学的基础。我们在有序的校园肌理中做了大胆尝试：为强调楼与楼之间的围合关系，将其中4个有序的“矩形书院”整体旋转，使原来横平竖直的肌理发生空间形态上的变异，以获得奇妙的心理感受。建筑之间因此产生了“梯形广场”和无规则的模糊空间，为师生提供各类交流、阅读、沙龙等趣味场地。通过穿插、围合，建筑群隐没于树丛之中，同时通过各个学院入口处阶梯教室的材质颜色变化使得每个书院具有可识别性。

用一条学生街引领三种层级的院落空间：（1）学院之间的街头广场；（2）学院自身内院；（3）采光中庭或边庭。三层级的院落由大到小，逐一变化，模糊了道路和广场的区别，形成带状景观广场，有利于学科交流，从空间上加速了各个学院间的融合。

建造过程中提出用模数化方式对7个学院楼进行统一，平面上采用1000mm模数，立面上500mm模数。材质选择上提出新型砌筑概念，外墙采用清水砖复合墙体，获得建造的手工质感和小型砌块的体积感，营造了书院朴实宁静的氛围。施工过程中建筑师与工人师傅一起砌墙摆砖，对外墙的颜色搭配进行反复比较，辛苦之中也有意想不到的乐趣。

学生街
Students' street

学生街雪景
Studdent's street
in snow

信息学院内庭
Patio in IT College

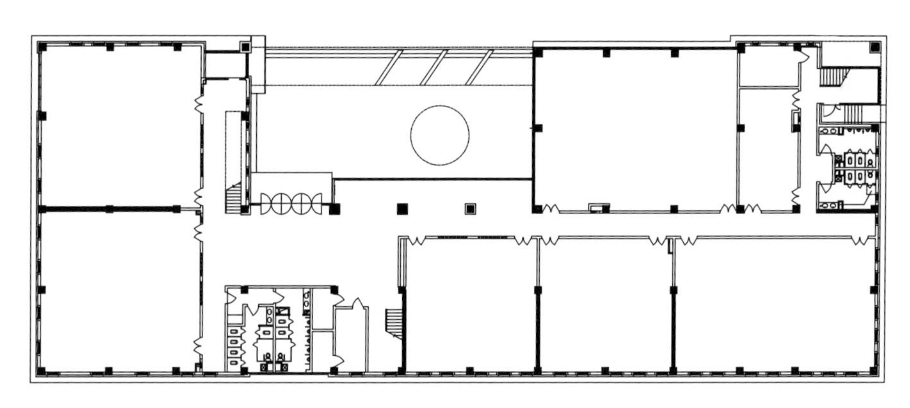

信息实验楼一层平面
1st floor plan of IT
laboratory building

会计学院东立面
East façade of Accountings College

会计学院
Accountings
College

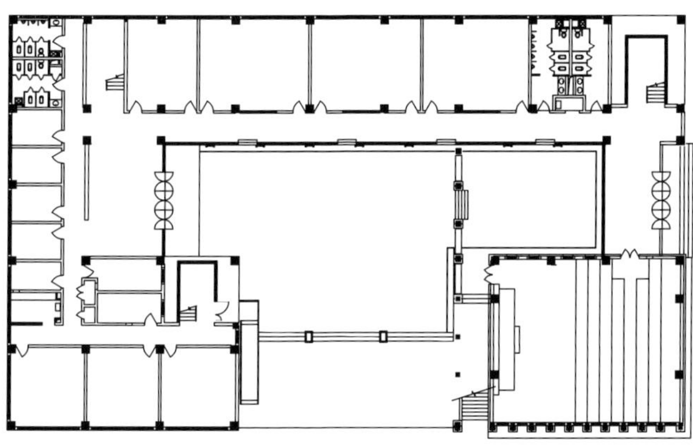

会计学院一层平面
1st floor plan of
Accountings
College

会计学院内庭
Patio in Accountings College

会计学院内庭
Patio in
Accountings
College

会计学院内庭
Patio in Accountings College

景观庭院局部
Part of landscaping courtyard

网络中心
Net Center

网络中心入口
Entrance of Net Center

网络中心南侧
South side of Net Center

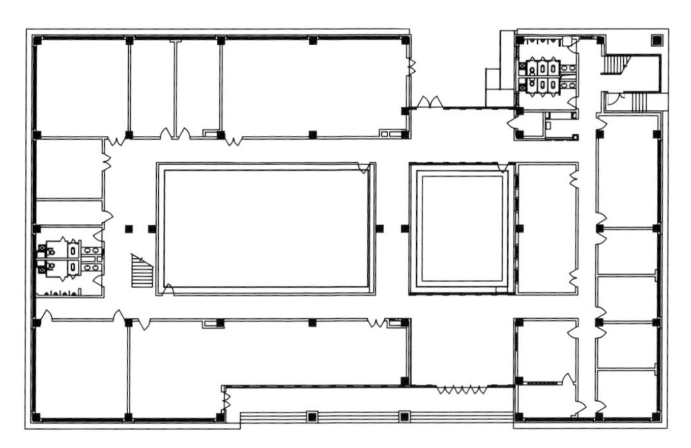

网络中心一层平面
1st floor plan of Net Center

网络中心内庭
Patio in Net Center

网络中心内庭
Patio in Net Center

法学院南立面
South facade of Law College

法学院内庭
Patio in Law College

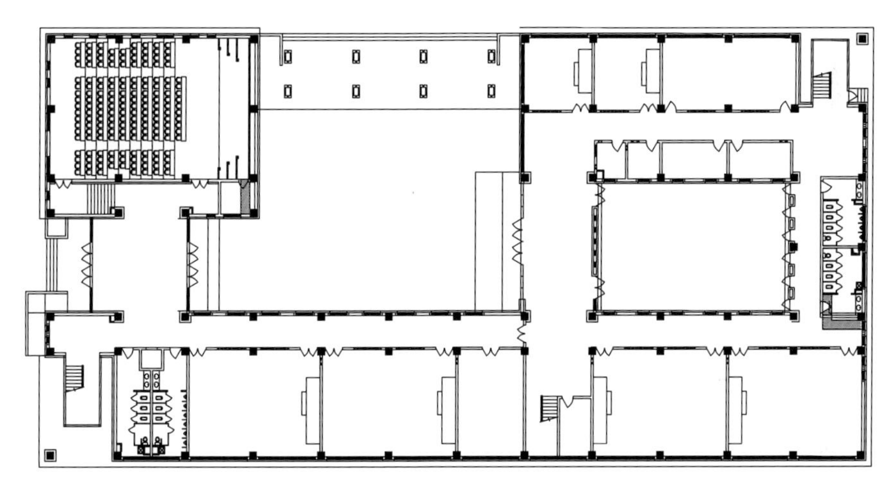

法学院一层平面
1st floor of Law College

法学院柱廊
Colonnade of Law
College

法学院
Law College

外语学院南立面
South facade of Foreign Language College

外语学院南侧
South side of
Foreign Language
College

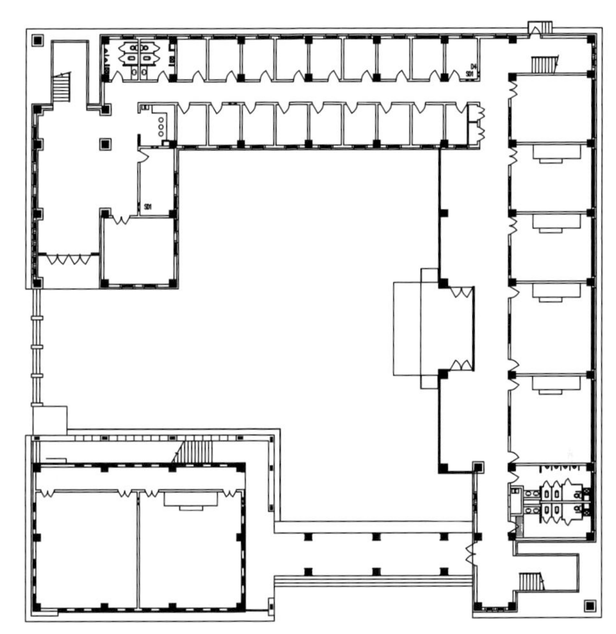

外语学院一层平面
1st floor plan of
Foreign Language
College

外语学院报告厅
Lecture Hall of
Foreign Language
College

外语学院
Foreign Language College

外语学院西侧
West side of Foreign Language College

外语学院内庭
Patio in Foreign
Language College

外语学院
Foreign Language College

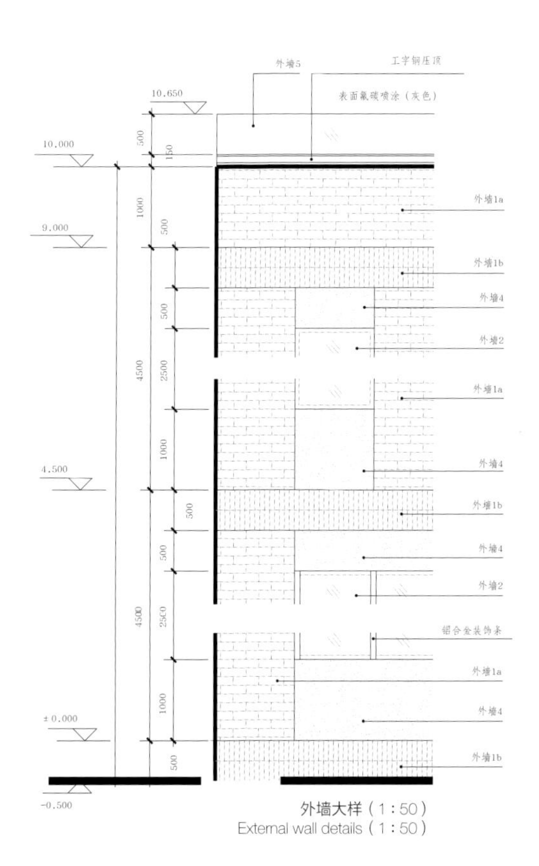

外墙大样（1：50）
External wall details（1：50）

外语学院内庭
Patio in Foreign Language College

语音实验楼
Voice Laboratory
Building

语音实验楼
Voice Laboratory
Building

语音实验楼入口
Entrance of Voice
Laboratory Building

语音实验楼中庭
Atrium of Voice
Laboratory Building

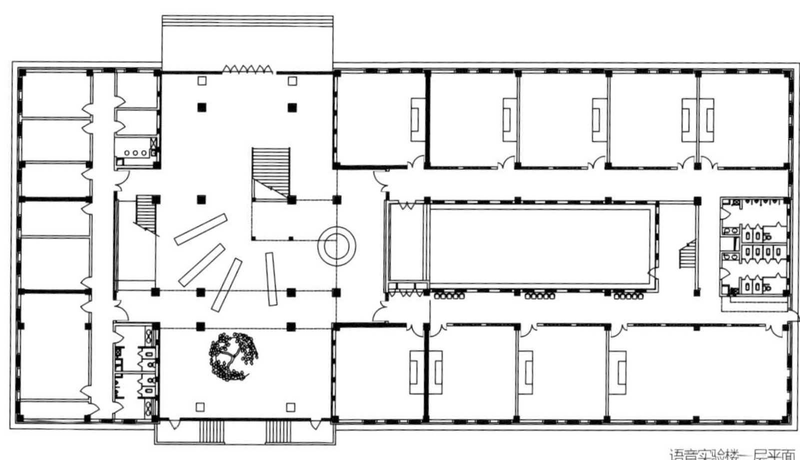

语音实验楼一层平面
1st floor plan of
Voice Laboratory
Building

语音实验楼中庭平台
Atrium platform of f Voice
Laboratory Building

统计学院
Statistics College

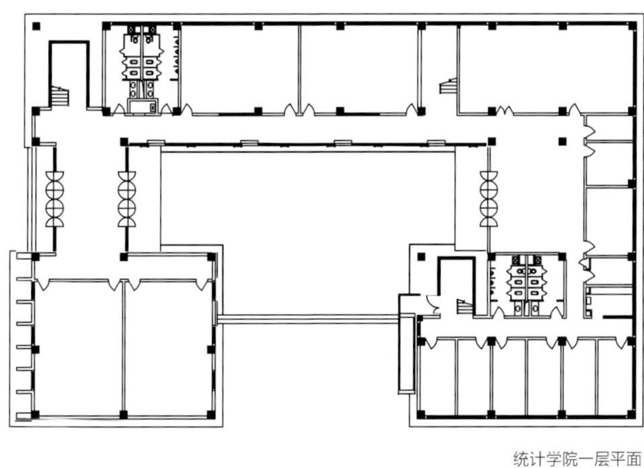

统计学院一层平面
1st floor plan of
Statistics College

学生街东侧
East side of
Students' Street

设计漫笔

——奇妙的旅程

About the Design

陈惠
Chen Hui

任何值得回味的设计过程就像是一段奇妙的旅程，这条路不一定是设计师能预知的，这条路上遇到的所有景致也不一定是设计师的心之所向，但是，任何满怀激情的设计师都不会辜负这条路上的一草一木。原本设计这条路从来都不是坦途，纵然暴风骤雨，只要信仰在，便是晴天。

所幸，中央财经大学新校区教学区的规划主导思想是基于以人为本、强调有机秩序,并吸收了《俄勒冈实验》中的理论；所幸，我们的甲方本着开放的工作思路，明智地接纳了设计师的大胆设想；所幸，本项目设计团队中的每一个成员都怀有坚定的信念，愿意为了信念百折不挠。这是一次振奋人心、充满希望的奇妙旅程。

方案创作之初，我们广泛搜集了大量国内外校园的实例，重温了经典理论。大家交流设计思想的时候，发现最能打动人的，并不是现代化校园中或宏伟或新颖的建筑，而是校园场所承载的故事，校园环境意象所隐喻的精神。它们引发大家各自的校园回忆——尽管时间地点事件各不相同，但生活和情感却是高度相似的。温暖人心的回忆大多是质朴的，一如幸福的生活大多平静如水。于是，有了这样的建筑意象：绿树掩映下，清水砖建筑间，学生来来往往，或坐或行，一片清新……

空间意趣的形成，建立在顺畅的逻辑关系上。从

规划层面上看，道路及庭院的关系怎样才能更加合适？场所的关联性与性格特征如何能有更加深层次的体现？消极空间的积极化如何更加巧妙地建构？当我们站在全局的高度，进行整体化研究后发现，正是这些问题提出和解决的过程，引领我们步入一片全新的境界。凯文·林奇在《城市意象》中将对城市意象中物质形态研究的内容，归纳为五种元素——道路、边界、区域、节点和标志物。我们围绕这些元素，进行反复的思考及实践，便有了学生街及三层级院落，整个教学楼区建筑群由学生街贯穿，中庭、院落、街头广场散落其间，于是空间具有了某种场所属性和层次感。

层次感处理得宜，却并非易事。每栋楼的占地形态囿于功能，张弛之度难以调剂。经过几易其稿，当学院楼单体有了细微的转动之后，图底关系的美妙令人惊喜，更重要的是，这样一来，楼与楼之间的空间界定便不再是横平竖直，空间感受也更加灵动而丰富。然而问题也随之而来：如何“动”而不乱？如何处理学院楼区域倾斜的轮廓与四周横平竖直道路的关系？如何消化某些尖锐的夹角空间等等。首先，我们使每栋楼的转动角度要么一致，要么互为补角，再根据每栋楼的体量和与道路的亲疏关系决定它们“动”或“不动”；同时，审视室外围合空间的连贯性、实用性与舒适性；然后，针对不合适的建筑单体进行改变单体形态、体量，甚至统筹调换功能等；最后，对图底关系上出现的不利形态一一柔化，并尽量使之疏密有致。这个过程相当繁杂反复，牵一发动全身，但也时常妙趣横生。在山重水复与柳暗花明之间，学院楼建筑群方案日渐成熟。我们运用了大量的表现手法，终于说服甲方接受了这个灵动的方案。如今，徜徉在学院楼中间不规则院落的梯形广场上，眼见财大学子们或信步，或交谈；或休憩，或

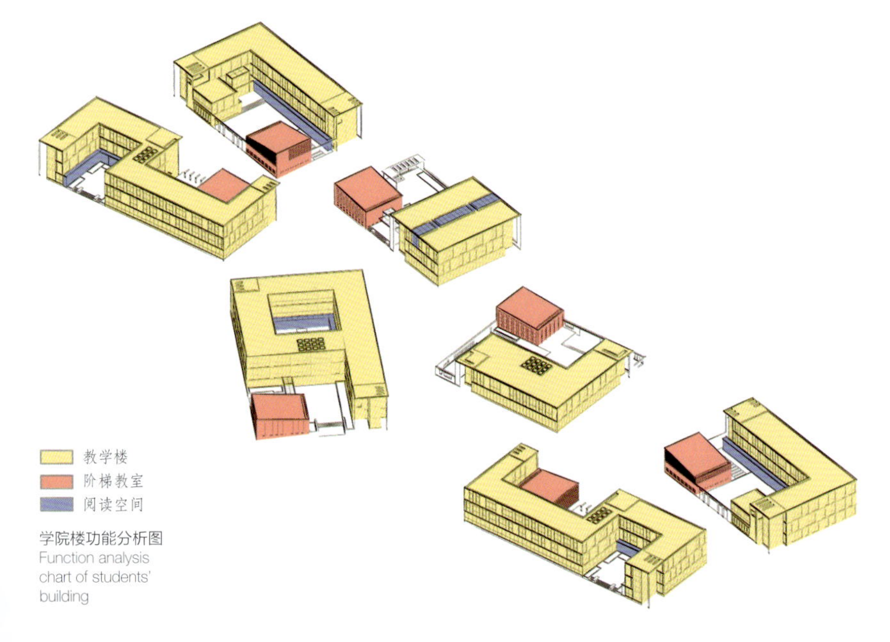

学院楼功能分析图
Function analysis chart of students' building

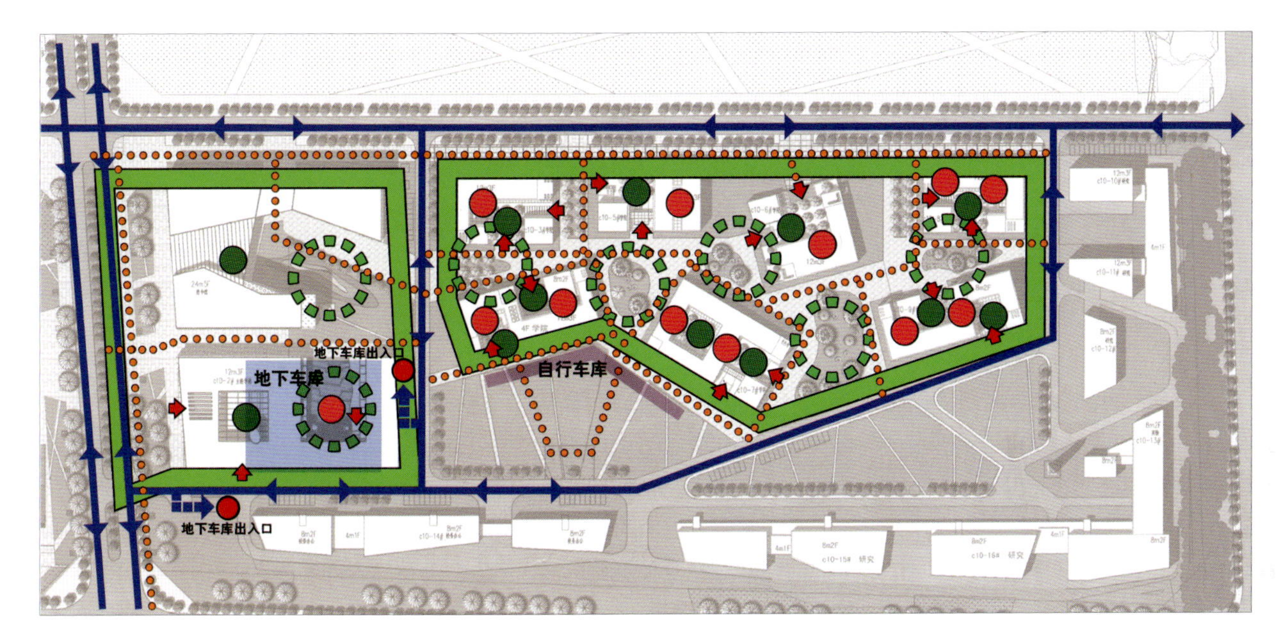

学生街和书院
Students' Street and reading courtyard

三五成群，或两两做伴；或独自幽思，各得其所，舒适惬意，我们更深地意识到当初的探索和坚持是多么的值得。

我们在设计房子，但更多的是营造环境，希望建筑外的空间能够“巧于因借，精在体宜”。引用《园冶》中的这句话似有标榜之嫌，但吸收中国古典园林的设计精髓的确是当时努力的方向。我们希望借助建筑单体本身对园林、庭院进行建构和把控，力求用现代化的表皮，去表现中国古典园林意趣与空间灵魂，这种探索贯彻始终。我们利用围合、半围合庭院做出丰富的空间体验；通过空间的流通以及建材的延续性，使室内外空间交相呼应。从建成后的实际效果看，大环境的移步换景实现得不错，只等若干年后小树成长为参天大树，整个学院楼区将更显静谧宜人。半围合庭院的标识性、空间的领域感也实现了，只盼种植其间的灌木再枝繁叶茂一些。某些小空间那种别有洞天的意趣，也基本达到了设计的意图。遗憾之处也是有的：对某些小尺度的把握原本可以更恰如其分一些，比如天井顶部的格栅密度，地面铺装的石子规格的选择可以更加精妙……

教学区室内空间的排布与室外空间的布局是同步考虑、一体化设计的，我们认为表里如一在项目中非常有必要。这不仅体现在空间的延续、建筑的体量把控上，在很多细节方面，也力求界面延续，将很多外饰材料直接延续到室内。通过观察分析学生的学习生活方式，将调研植入设计，使教室、实验室、办公室、大厅等具有不同功能、大小、高度的室内空间切合流线且顺理成章。于是，学院楼的设计中，交流空间更趋开放民主，学习空间更趋简洁理性，活动空间装饰性形态的设置更为提高使用者的注意力及丰富他们的体验。

以上对中央财经大学新校区教学区的设计工作回顾，道来琐碎而平淡。设计之旅的奇妙变幻、苦乐相随，远非语言所能表达。过程往往比结果更加耐人寻味、催人上进。收藏这段设计心路，只为时时激励自己，并与同行共勉。

法学院南立面
Facade of Law College

法学院东侧
East side of Law College

设计师感言

Designer's Words

张菡
Zhang Han

1.儿时的记忆的启示

20世纪80年代初一个春天的下午，北京西城区六铺炕的一个普通家属院里，一群孩子在洋槐树下快乐地追逐嬉戏，地面洒满刚刚落下的槐花，像铺上了一层洁白的地毯。槐花清新的香味弥漫在空气中，沁人心脾。这个院落由四栋三层的红砖住宅楼围合而成，蓝天、红砖、灰瓦、绿树、落花，相互衬托，互为背景，构成了一幅和谐动人的画面……这就是我童年对家的记忆。

30年后的今天，再次回到这里，那些建筑已显陈旧，树下嬉戏的儿童也换成了悠闲下棋的老人，但洋槐树依旧挺拔碧绿、生机勃勃。与自然共生、以人为本、舒适宜居的生活环境不但没有改变，反而显得更加宜人。

蔡元培先生曾倡导在教学中"以美育代宗教"。而学校的建筑、环境和景观作为教育的载体，不仅要满足教育的基本需要，包括健康、交流和休闲，还要满足美育的需要——欣赏美、享受美进而创造美。西塞罗说过：一切顺乎自然的东西都是美好的。而学院楼的设计正是在建筑与大自然的"对话"中找到了解决问题的方法。这个建筑群里的建筑如跳跃的音符般排列，朝向非正南正北，道路也非"笔直宽阔"，然而就是这些看似随意实则用心的"一曲一折"，造就了丰富多样的空间。于是，这里有了人们停留驻足的可能，有了欣赏多样风景的视线，有了彼此交流沟通的场所。

2. 当今设计的思考

由于教学楼建筑体量均不大，这种近人的尺度决定了必须注重建筑的细节。方案设计中以砖墙和玻璃为基调，多种材质点缀其中，使得每一栋建筑在有各自主题的同时又能统一协调。在施工图设计中对砖墙的砌筑尝试了多种方式，立砌、斜砌、凹凸变化，在平柱中加竖缝等，充分展现砖的可塑性和美感；同时，设计对多种材料穿插应用时交界处的处理，也尽力做到干净利落。

今天的设计师是幸运的。有了高水准的甲方理念的支持，有了更多的建筑材料可供使用，设计师的思维可以更加广阔和自由，这一切共同成就了好的建筑的完成。而更幸运的是中央财经大学的莘莘学子，试想多年以后的又一个春天，学院楼四周的小树已长成参天大树，同学们三五成群，或在浓荫蔽日的树下，或在围合灵活的院落里学习、研讨，那该是一个多么美好的情景……

砌筑细部
Blocks detail

设计回眸
——温暖的大学
Review on the Design

刘向明
Liu Xiangming

一年后，当我再次走进中央财经大学沙河新校区时，就被树木掩映的校园和青春活泼的学生吸引住了。呈现在面前的，不再是光秃秃未完工的房子和满是灰尘的工地；在十三陵天寿山背景下，北京城郊上演的是一幅悠闲、惬意的校园画卷。这让我想起英国作家吉米·哈利的小说《万物皆有灵且美》：“鲜活的生命完全无需借助魔法便能对我们诉说至真至美的故事，而大自然的真实面貌比起诗人所描摹的境界更是美上千百倍。”

徜徉在学院区步行街上，穿插于微笑交谈的学生中，对一直在城市中忙碌的我来说，是那么熟悉而又陌生。树影下的砖墙和石板诉说着岁月的雍容，教室里的桌椅则表达了纪律的样板。也许设计师的任务就是要提高信息的品质，增强传播的力量，所谓创意并不是让人惊异于它崭新的形式和素材，而是让人惊异它居然来自看似平凡的日常生活。在平凡的殊异中寻找生活的设计能够散发出电码般隐含的信息，这种信息姑且可称其为“气质”之类的东西，就像我们喜欢或欣赏的某个人，其实是喜欢这个人的性情和他所暗示的那种生活方式。这些信息虽难以描述或定义，但确实非常重要，因为这些东西能够帮助我们确定我们是何许人也。

“阳光灿烂的日子”

在树下，一群人围坐

在一个人身旁，这样的场景就是传道授业的开始。在那种朴素教学的时代，时间以自然的节奏流过。那时没有电灯，没有空调，没有抽水马桶，没有上课铃声，而今天这一切都有了。多年后，当面对中央财经大学沙河新校区的设计时，我会问到当年大学毕业时一样的问题，我为什么要设计房子？如果答案是可以为学生提供一个遮风避雨的场所，为学生提供电灯、空调、抽水马桶、上课铃声……我会心安很多。但麻烦在于，历史把一部分追寻生活难题特定见解的责任推给了建筑师和一些专家。建筑在遮蔽风雨、保暖御寒的同时，还提出一种敦请，促使我们成为某种特别的人。建筑的功效就好比天气，单是一个PM2.5达标的晴天，就足以改变我们的精神状态。嗯，在北京城郊中央财经大学的校园里，除了物质和机械功能的东西之外，还应该提供一些“阳光灿烂的日子”。

语音实验楼局部
Part of Voice Laboratory

“诗书院落”

方案设计经过多轮讨论，确定了“诗书院落”的概念。设计组的价值取向在这时表现出担当的勇气。我们没有采取胜率更大、大多数校园采取的中轴对称布局。这是一次冒险的尝试，因为大轴线的布局传达的是一种贵族式权利的自豪情感，这暗合了很多学校决策者的英雄主义情结，却与现代校园追求独立、自由、多元的精神格格不入。我们有幸遇到中央财经大学这样开明和包容的业主，是他们证明了我们为这个学校的付出是多么的值得！

“善意的仆人”

“院落”是“诗书”的物质载体，散发的是“求知、宁静、诗意”之类的电码，而房子是院落的“仆人”。我承认，在某些特别的地方，建筑需要为城市中的人们提供某种“意外”；但在更多的地方，最让我们受益的建筑师可能是胸怀慷慨地将天才的追求搁在一旁，全心为我们装备优雅却无原创性可言的盒子的那些人。我们需要相似性提供规则，建筑应该具有甘愿稍显乏味的信心与善意，老北京城和巴黎相似性提供的规则，见证了当时世界上最伟大的两个城市的风貌。对于老北京城，“我们本该悲伤的时候却很愤怒，在本该为古老街道引入适合的卫生设施与照明系统时却把老街给拆了。我们没有能领会我们为什么痛苦，却徒劳地想抓住幸福的起源。”我们尝试

楼梯细部
Stairs detail

重拾老北京城的部分悲伤，那些院落的“仆人”帮我们把握校园的平静和方向，这些井然有序的“仆人”为了一种更高的、集体的计划放弃了个体自由的好处，因为对院落做出了贡献，每个“仆人”也显得更为高尚。

WHY？WHAT？HOW？

为什么设计？设计什么？如何设计？在弄清了前两个疑问之后，剩下的就是一些图纸上的工作。为了体现时间自然的节奏，我们模糊了一些约定俗成的概念，道路、广场、绿地、入口在这里没有刻意区分，图纸上的一根线，看似无心，实则有意。随着年龄的增长，不知道为何越来越喜欢“模糊”这个词。各个尺度、质感的院落没有明显的界线，担负着不同的需要，不同的教学楼呈现出不同尺度和围合感的庭院，为学生活动提供了很多选择：可以三五好友在小尺度的庭院讨论一个课题，或在稍大的庭院组织一场舞蹈彩排，或在封闭的玻璃庭院闲坐，发呆……校园只是静静地等待故事的发生，各种院落散发出的气质只是为了给学生提供不同形式的温暖。

多年后，如果有学生回忆起：当年在雪中等待初恋女友时那盏昏暗的路灯；或是手捧一本喜爱的书时独坐的台阶；再或是追忆起求学中的心路历程，那些勇敢的、开放的、让来自不同方向的声音和逻辑在“推搡”中塑造自己思想的那些最重要的日子……大学并不长，有这些已经很好了。

感悟材质
Thinking about the Materials

叶欣
Ye Xin

设计与研究

“材质”是建筑学的基本问题。

在建筑的世界，创造任何一个空间的过程都不是抽象的，而是具体物化的。而物化的关键是材质的运用。这是区别于其他物理空间创造的关键所在。材质与建筑实践紧密相连，又最易被忽视，人们仅仅把它作为操作的对象，而不是思考的对象。

“本性”是对材质本原的思考，也是一种类似于海德格尔对于“物之物性，器具之器具性，作品之作品性”的追问，是关于材质思考的原点。比较而言，“真实性”则是对于建造中的材质的认识和讨论。“材质的本性”这一思考和研究范式本身便蕴涵着一个内在的要求，即需要发现和界定一物区别于另一物的特质。我们知道，material这个词里，以及在matter这样的词汇里，都藏着mother这一词根。直觉也告诉我们，物质是有生命的。

当然，道理总归是道理，理念与实际，想法与手法之间的距离是遥远的。在学校里学到的和执业过程中用到的，不外乎是现代建筑的潜台词“空间”和“造型”，而材质却很自然地沦为了设计过程中的次要部分。建筑师大都只把墙体当成界面、线条，也很难在草图构思之时，把材质当成设计的首要出发点——以至于墙壁永远对我们闭上了嘴。

在急功近利、高歌猛进式的投标、制图、建设的轮回中，十年来自己也免不了参与生产出一大堆各类房子；也不假思索地、简单被动地在立面图上引注——面砖、铝板、石材……鲜有扎实投入地钻研一回真实的材质，直至接手中央财经大学新校区这个项目。

还记得第一次来到京郊昌平沙河高教园区看场地。驶过静静流淌的沙河，把车停在荒草地里，看着远处连绵起伏的山脉，稀疏的树林，城市中浮躁的思绪慢慢退去，忆起当年上大学时西川羌寨的写生，青山绿水之中，唯有朴实无华的石墙碉楼、柴门拙窗让人流连。自然本土的情怀渐渐涌现——让墙壁张口，让材质说话，怎样？

又该如何去做？

设计应当是有研究的。

崔愷先生曾说：研究是设计的基础，是设计的前奏，研究是有理论性的，它使设计有了前瞻性；研究也有现实性的，它使设计有了目标；研究还有技术型的，它使设计有了支撑。设计的优势有赖于研究的有无，设计的创新依赖于研究的深度，设计的发展有赖于研究的持续。

是的，我们需要用研究来唤醒我们设计的兴奋点。

工地里的试验

全过程创新的想法在方案伊始就提出了。我们有意摈弃对称、大构图等常规做法，结合《俄勒冈实验》，提出“中式书院”的模式语言。由学生街引领各级院落，将有序的“矩形书院”整体旋转，制造模糊空间，出现梯形广场、退台绿化、内院边庭，为师生提供交流、阅读、沙龙等各类趣味空间。建筑物在这里退而求其次，而产生的场所和环境空间成了主体。

为把握建筑群的整体风貌，校方派专人参观了南方新建的各色校区，要求我们从规划到单体都要做到卓尔不群，不要中轴线，不要大水面，不落入所谓“哈佛红”、“中国灰”的俗套；之后又远赴众常春藤盟校考察，反复提出：要体现历史感、文化感、生态感、厚重感……

猛然间发现，设计和业主在构思想法上看似表达各异，却好像可以走向某种方式的趋同。

于是乎，渐渐明朗了——寻找本土化的原生材质——因为只有自然真实的材质才与这儿的青山绿野般配，才能契合未来的“书院”语境。

我们研读了东南大学史永高博士关于“材料呈现”的全新阐释，理性地思考了分布在教学区中的8座楼的材质运用。针对各类材质在建筑群中的呈现，采用不同的态度——内敛或是张扬，并由此体验材质的隐匿或显现。除了从材质的结构属性和技术角度作常规分析外，还从材质的表面属性和空间角度来进行了探讨。

材质是有情感的。其生成方式，决定了它的颜色、肌理、触感，以及它的物理性能和化学性能。混凝土、砖、木、玻璃、涂料、钢……这么多的材质该如何选取，如何搭配，又该如何装配施工，并且符合规范呢?

成熟的建筑师一定是一个好的材质使用者，会与材质进行情感对话。材质亦有其特定的“表面属性”及“透视属性”。设计中需要对“表面—透视—呈现—隐匿”不断地论证和对比，从而逐步阐释材质和空间的关系。

材质的显现

(1)清水混凝土挂板

为了保护环境，我们放弃了石材。主教学楼实验性地选择了清水混凝土挂板。

清水混凝土有着自然粗犷的力度美，机械加工后的丝绸之质更让人着迷。但鉴于一些存在的现实问题，我们将目光锁定在预制混凝土挂板上。这类板材规格不受自然条件限制，色彩纹理可根据建筑师的要求变化，价格也较便宜。我们将清水混凝土挂板划分为4000mm×2000mm×133mm，包柱板6310mm×1120mm×133mm，单板最大自重2.2t，最大面积为10.6m^2。为减轻挂板重量，在板背面采用了加横肋、纵肋的结构形式，其中面板厚60mm，肋高133mm。挂板表面涂刷清水混凝土保护剂，板面钢筋网片采用冷轧带肋钢筋点焊成型，挂板埋件和连接件均经热镀锌处理。

色彩方面，挂板采用深、浅两色搭配，12m高的柱子在夕阳下越发颀长。黑的影子、白的柱廊、灰的墙面对比映衬，述说着混凝土的质朴。

图1～图3：挂板安装施工
Panel installation

图4～图7：挂板样板的生产与确认
Panel sample production and verification

砌块
Blocks

(2)清水砌块砖复合墙体

学院楼采用了清水砌块砖复合墙体。

在这之前发生过一次激烈的争论。

“外墙想用面砖。”业主告诉我。

“为什么?”我问。

“价廉物美，选择众多。”

“可是，清水混凝土砌块砖可能更适合，更具体积感和朴素感。”

……

由于对这种材料的了解不够详尽，业主自然是心存疑惑。

我听说周恺先生实验了几个砖砌筑项目，周末便搭乘火车前去调研，拍回来大量照片，还收集了各类相关资料。

跟业主再度讨论。

几番论证，业主欣然同意了。

然而施工单位却开始叫苦了：“人工费太高了，现在的泥瓦工都不会砌砖了”。“想法还行，但不切实际，过于冒险……”

不放弃第一感觉。追求稳妥还是迎接挑战？建筑师选择了后者。

首先在图纸上严格要求：内页墙的墙体材料采用390mm×240mm×190mm轻集料砌块，抗压强度>5.0MPa；外页墙采用190mm×56mm×90mm混凝土小型砌块砖，抗压强度>10.0MPa，错缝搭接，使用M10混合砂浆；沿墙体竖向@400通长放置镀锌拉接网片；施工过程中做好防渗抗碱及成品保护……

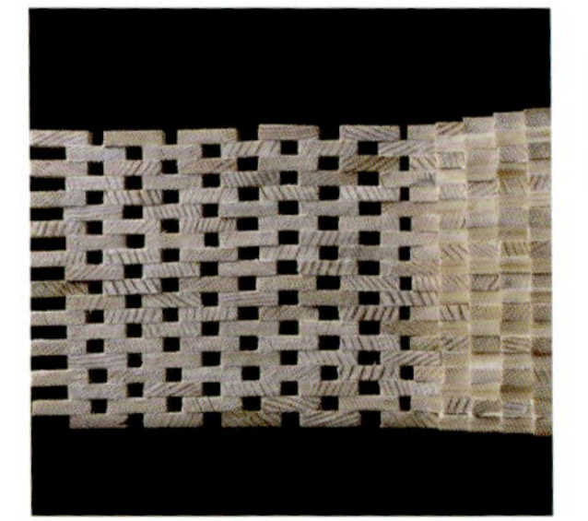

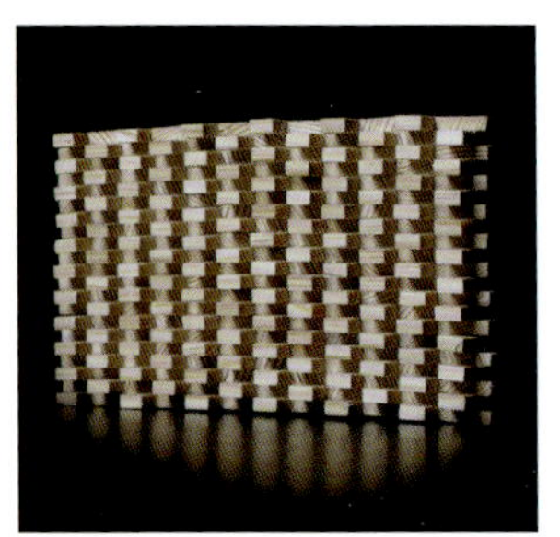

然后初选清水砖的肌理颜色特征，由厂家去打样块。再与施工单位的技术骨干商量如何排砖找模，讨论砖块的组砌方式及节点组砌形式，确定材质交接部位的相互关系。

烈日下，厂家拉来十来种颜色的砖块。我们挽起袖子，砌出矮墙，动手搭配各种色砖的比例和数量。工人们都涌出来好奇地围观。一天，有个工头兴奋地跑来，说他们做出好多种砌筑样式供我们选择。出去一看，图纸上表达不够完整或不够明确的地方，竟然是工人师傅自己琢磨出来的节点构造……工人们全都动起来了，砌花墙、摆斜砖、勾深缝、护成品，老祖宗传下的手艺又回来啦！

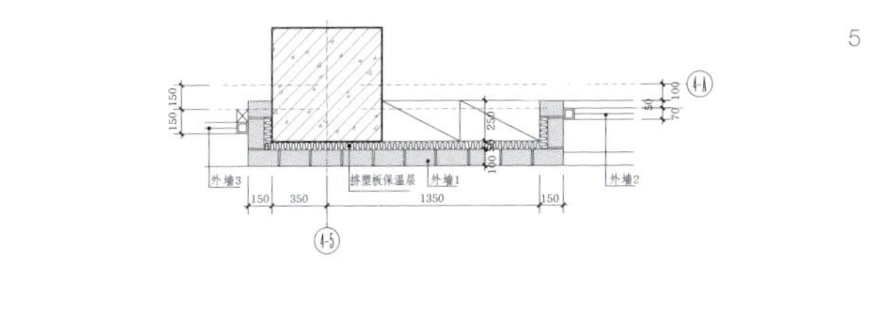

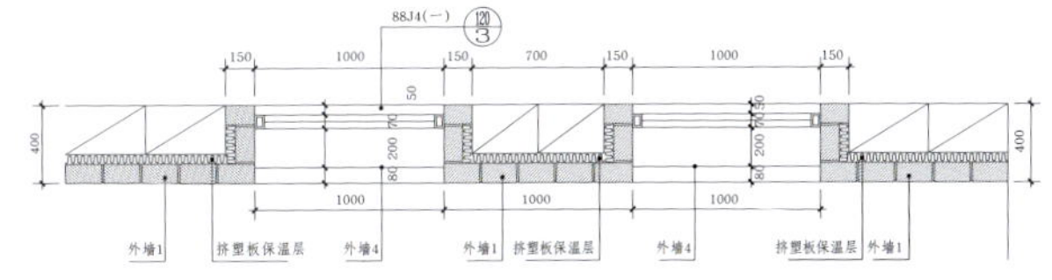

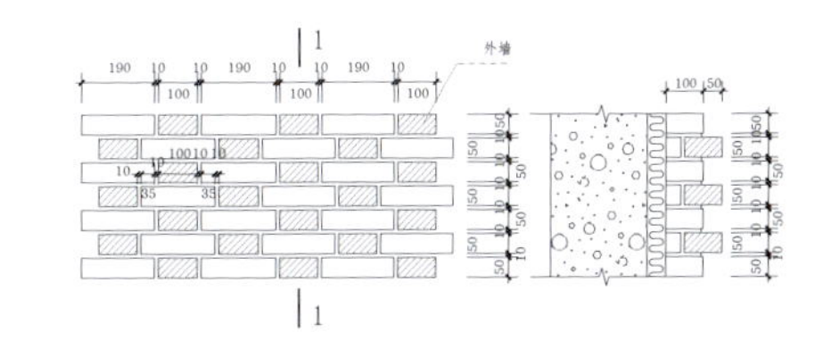

图1～图2：砌筑细部
Blocks detail

图3～图4：砌筑施工
Masonry construction

图5：外墙大样
External wall details

木纹板
Wooden texture panel

(3)木纹板

木材是一种代表着温暖的材料，作为与混凝土平衡的对立面而出现的。

它在整个新校区的设计中是跳跃和热情的。天然柞木最好看，但耐久年限少、易损伤、易燃，维修保养复杂。

为寻找理想的木饰可谓煞费苦心：胶合木塑板观感过假，木纹铝板手感太差，高温防腐木过于昂贵。最后找到HPL木纹千思板。它是由70%木质纤维和30%热固树脂经高温高压聚合而成的高强度平板，表面经电子束处理，形成一体化的装饰面层，防潮、防紫外线，自洁性好，表面可处理成所需的各种木质感和颜色，基本上可满足亲切、自然的感官享受。

随着技术的不断进步，以木材为基本材料的人造板材还需要其耐久性、耐候性继续得到改观，给建筑师更多的选择。

(4)GRC条纹混凝土挂板

普通GRC板(Glass-Fibre Reinforced Concrete，玻璃纤维混凝土)在工程中已经应用多年了。这次我们要求采用竖向条纹肌理挂板。

加工出的薄壁板以豆石混凝土为基材，采用合成纤维和层布定向玻璃纤维制成。该产品除保留了普通混凝土干缩低、耐久性好的优点外，抗裂性也大为改善，厚度明显降低。厂家为了制造条纹肌理，用玻璃作为底衬，裁切聚苯板作为条纹模具，2.4m高的大板竟可一次加工形成，过程简便而精准。

GRC条纹混凝土挂板
GRC slab

网络中心庭院
Courtyard of Net Center

材质的隐匿

(1)白墙

中国绘画中有“计白当黑，奇趣乃出”的说法。白墙作为“材质的隐匿”，将空间完整地呈现。

每个学院楼都有一个中庭或边庭，如此空间设计，白墙作为显现材质的拓扑元素，纯净了建筑形象，引入了时空感，营造了书院朴实宁静的氛围。

网络中心内庭
Patio in Net Center

(2)彩色涂料

涂料的成本和施工技术要求相对较低，运用得当能达到低成本高产出的效果。在设计中通过体块组合、虚实对比、色彩对比、阴影效果、分缝形式以及比例推敲等手法创造出形式的美感。

在几个学院楼中我们大胆采用了彩色纹理涂料，以获得独特的视觉冲击力，节省了造价，整体性好，施工简便。

色彩构成
Color composition

语音实验楼入口
Entrance of
Voice Laboratory

在隐匿中显现

玻璃作为一种特殊材质，由于有透明性的特征，使得它“在隐匿中显现”。

(1)开缝玻璃幕墙

开缝玻璃幕墙其实是在施工过程中被“逼”出来的。

限额设计是合同约定好的。但因人工费、材料费猛涨，校方突召我们开会：原先计划的投资可能包不住了，必须设法瘦身。

语音实验楼的玻璃大中庭耗能过多，太阳辐射热使空调冷负荷大幅增加，自然成了众矢之的。我们对此加以修改。

但这个玻璃大厅是为周围二十几个语音教室的师生休憩享用的，这样一来，我们的设计初衷不就跟着变了么。

试着不再封闭外幕墙，取消空调系统，采用抓点开缝式玻璃幕，形成热拔风中庭，用自然风对流来调节内部气流循环。日出日落，光影斑驳，微风轻拂……这玻璃到底还在么？

(2)U型玻璃

U型玻璃又称槽形玻璃（Channel Glass）,具有自重轻、耐候性及耐久性好，施工方便，透光不透视的特点。

我们需要U型玻璃在局部立面上形成特殊的条纹肌理，在不同的环境光下产生不同的朦胧透光效果，似“墙”非“墙”，似“窗”非“窗”。

……

隈研吾在材料之相对论里说：

无论材料本身是多么的高级而昂贵，他们都只能表现单一的面貌，对我来说他们不免缺乏生气，永远无法改变人们对它的印象。但是如果能将材料完全转化成粒子，他们就能如同彩虹一般的无法捉摸而短暂。他们有时具体的仿佛实物，但随着光线的瞬时改变与观察者角度的变化，突然之间就会散化成云彩甚至融化为大雾。

材质的隐匿或显现都具有其独特的空间魅力，它们并非有某种确定的评价标准，具体情况对于隐匿与显现具有特别的重要性。

工地上，我们是正在求知的建筑生，考察、记录、比较、咨询、验证……几十种材质的最终敲定需要掌握十倍乃至百倍的数据和信息。其间的辛劳与幸福自知，困惑与收获自知。

工地东边生长着一大片向日葵，金黄金黄的，映衬着每天同样正在长高的房子。我们就像田里的农夫，静静地守候着，忐忑地期待着……

收成往往不期而至。最近越来越多地听到使用者或参观者的赞许，我们淡然一笑。其实，我们还在静静地等待，等待这里的树长大了，草长深了，这些建筑物退而变成了底景，空间环境成为了主体，各色材质的墙体界面穿梭于林间，隐匿于树后，出砖入石、绿庭雅院、草痕青苔、野花蜂蝶，这才是我们真正寻找的书院境界……

景观庭院局部
Part of landscaping courtyard

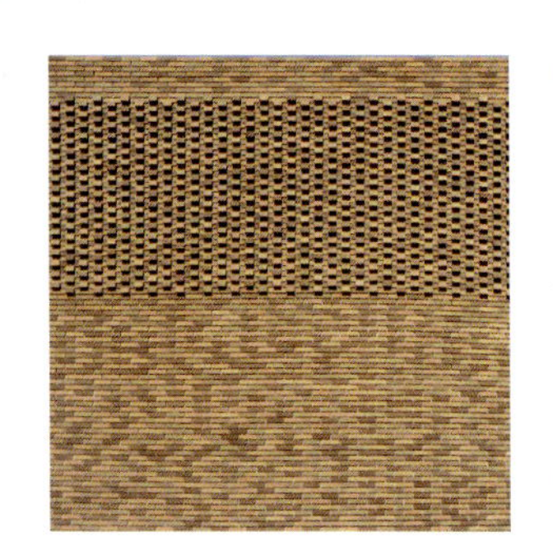

后来的思考

写完上面的文字，从一大片材质的试验田里站起来，回身望望，似乎还算是过瘾的。经历了探索、茫然、压力、焦急、期待、兴奋、遗憾、满足，十八般武艺，五味杂陈，仿佛样样都有了。但再仔细想想，总觉得还缺少点什么。

熟记着路易斯·康与砖墙的那段经典对话。在大师的眼中材质豁然有了生命，我却无法对墙说什么。光是这些挂板分割、砌块对位、饰木交接、方钢传热，就疲惫不堪、应接不暇了，大师一定会嘲笑我的无能吧。磨砖对缝、真材实料在缺失的工艺和低造价面前只能成为奢望。同时也自然成了我们这代建筑师的借口和困惑……

当今文化条件下，在现代建筑身上，不管是作为主题彰显出来，还是作为背景为了空间隐退，材质仿佛还是建筑的陪嫁，不会对建筑生死起决定作用。"材"与"质"的深度碰撞会是什么样的结果呢？"设计材料"的真实坐标又在何方呢？由是，不禁暗自感叹于"城市笔记人"对21世纪 "炼丹术士"彼得·卒姆托（Peter Zumthor）的精彩评述：

卒姆托在选择了沃尔斯当地的片麻岩时，除了欣赏它们身上散发的自然风采，还想通过"设计"，用"某种材料组合的方式"，去唤起人们对于古老的感觉。那么，卒姆托是怎样"设计"材料的呢？这些参差不齐的石板并没有被他斜着贴、竖着贴，而是水平地一层一层地垒了起来。有人会说，这有何难？但我们要注意到的是，卒姆托在这么设计时，的确想到了地质的历史，就是地壳运动在高温下把云母撕扯、挤压成一条条白色线段的历史过程。那些“犹如石矿”一般的浴室墙壁，经过设计师有意识的组织，用建造的方式在墙上留下了这个地区的“时间的痕迹”。这不是外地的时间，是这里的时间，也是这里地层的结构。

在现代建筑的常规意义上，覆层的概念一般是依附性的，从属于结构的，具有可以自我漂移的偶然性的。卒姆托为防止墙体破裂，将这些片麻岩事先垒起，然后实施浇筑。最终完成的这道墙体，既不是现代建筑常见的结构暴露，也不是一般的覆层遮挡。外面的这道覆层，仿佛长到骨头里的皮肤，既可以移动，又不能独立。在这个意义上，它跳出了覆层VS结构的分类，也跳出了彰显还是隐去的矛盾。它二者都是，也都不是。

卒姆托能够让材料如此复魅，而且能够让它同时具有如此丰富的角色。这里，片麻岩转化成为一种古老的原初的地下石矿意像。经历了若干年的技术实验，卒姆托把含着云母的片麻岩变成了能回音、抗严寒、温暖人体，能够与屋顶一起呼吸、跟水池一起沉降的有生命的物质。对此，您也可以说，天，我们在面对我们的那些材料、那些人造材料时，该怎么办？我们该怎样像卒姆托那样，赋予材料以一种优先性呢？

对此，可能真还没有好的答案……但至少，建筑师若不直接接触自然中的材与料，不从一种文化史下的物质意识去看待建筑材料的使用，那么，再丰富多样的建材，也不过是建筑身上的装饰。

业主的思考

——项目整合管理是实现目标的关键

Thoughts from the Client

赵海鹰
Zhao Haiying

日前，偶乘地铁昌平线途经沙河新校区，第一次俯视建筑尺度宜人、环境优美的校园，不禁感慨良多。

五年前初来沙河，呈现在眼前的是高及人身的荒草、大片的鱼塘和尚未拆迁的村庄。想想要在这里管理13万平米方建筑的建设工程，心中既忐忑不安又充满期待。多年的努力使我深深意识到，只有做好项目整合管理，才能更好地完成既定目标。

制定合理的管理计划

首先，根据项目规模、投资制定项目的需求计划。高等学校的学生应该是朝气蓬勃、求知若渴的，为此沙河新校区校园规划的主要理论是“有机秩序”、参与、分片式发展等，通过总体规划制定适合的指导方针，使设计既与整体环境一致，又为特定的建筑和开放空间提供一定的自由度、摆脱传统规划框架的束缚、按照自然有机生长和庭院式布局理念，充分体现以人为本的宗旨，进而生成适合该地块、位置和学校气质的健康、完整的大学校园。

中心街：以贯穿校园东西的市政路为轴，形成中心街。建筑群沿这条中心街向南北两侧展开，通过它来沟通教学区和生活区。教学区延续中心街概念，在学院间形成学生街，并将书院进行有序旋转形成更多学院间的交流、休闲场地。

书院：每个学科单元都是一个独立的庭院。每个学科单元包括一个大学院或若干小学院，每个学科单元有独有的特征。

宿舍区：要实现学习功能和教学区的休闲功能互为补充、相互渗透，使学生既拥有在宿舍区安静的学习房间，又在教学区拥有咖啡馆、茶室等生活化设施。

民主化的行政办公：校行政办公用房也是四合院形式，位于校园深处，学生可以很容易找到和访问。各书院内也有各学院的办公房间，分散而独立，就近服务本院学生。同时，根据学校规划的初步学院布局，落实相关学院在教学、研究和办公等方面的需求，做出需求管理计划，将本科生教室、研究生研讨室及学院办公室合理布局，满足学院整体管理及服务学生的需要，并在学院楼内设置咖啡间、内院、中庭及室外露台，尽可能地提供师生交流、休息的空间。

此外，根据相关法规和学校预期制定建设进度、成本、质量及安全管理计划。沙河新校区建设初期颇多阻碍：没有施工用电，没有可供施工车辆出入的交通道路，没有完整的校园范围和施工场地……建设难度很大，但是这些困难是必须克服的，只有早日开工才能尽快为学校解决办学紧张的困难，才能降低资金使用周期和财务成本。为此我们在一般计划的基础上适当延长开工准备时间与工序：利用发电机发电、改造涵洞为交通道路、设置各种临时设施以完善施工条件，使计划更趋于合理。

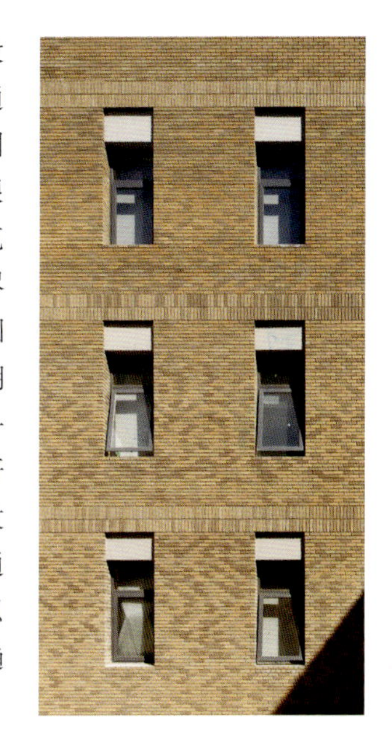

法学院内庭
Patio in Law College

按照计划指导和管理项目执行

我们把管理计划作为后续工作的基准，并在此基础上积极推进项目建设工作，配备合理团队成员，按照已计划好的方法和标准（施工图和施工组织计划）实施，对合作单位提出的变更请求进行论证，管理好合作承建单位。通过公开招标形式选择国有大型企业作为施工总承包单位；同时，作为建设方，主要工作是组织好每个合作单位的相互协作，在项目建设进程中抓住关键路径，并围绕关键路径协调相关工作。在学院楼的建设中，最难确定和施工难度最大的恐怕是清水混凝土砌块作为外墙材质了，因为这种材质比较新型，虽然有些高校使用了，但还没有被社会广泛接受，为了保证建筑能够达到计划要求，我们和设计师、总包、监理单位的工程师们多次去厂家，就建成项目考察该材质的装饰效果、施工工艺、色彩范围……并要求总包单位在现场多次砌筑样品，以确定能按计划实施，最终达到良好的外装效果。

全程监控项目工作

为了实现项目管理计划确定的目标，一定要做好项目建设的跟踪、审查和调查工作，定期将实际绩效与管理计划比较以识别风险、做出预测、更新项目建设信息，同时监督已批准变更的实施情况。我们每周组织项目工作会议对上周的进度、质量进行总结，每月召开工期落实情况“通气”会，将实际工期与计划工期比较，每三个月进行一次成本分析，将全部成本（包括已批准的变更）加以汇总，与总投资进行对比，并调整下一阶段的成本控制计划。

结束项目

项目竣工并不是项目的结束，我们需要审查各个分项和各阶段的收尾工作完成情况，以及各种文件、资料的完成情况，做好验收工作，进行项目审计，整理项目档案，完成项目管理报告，完善交接文件，总结本项目的经验教训，作为后续项目的借鉴。如此，方能达到一个项目的完美结束。

（赵海鹰：中央财经大学基建处副处长）

立面细部
Elevation details

编后语

—— 秩序的转变

Postscript

杨健
Yang Jian

中央财经大学沙河新校区一期工程暨主教学楼及学院楼建筑群建成使用已两年有余，笔者作为建筑方案的参与者亲历了从设计构思到建造的全过程，相比于同期大多高校新区的建设，中央财经大学新校区的揭幕显得波澜不惊，少了一分众人期待中的磅礴气势，多了几分不经意间的平和自然。在笔者看来，这实际上是一种转变，是基于建筑师对教育的理解和中央财经大学这样专业型院校的内在文化特征而作的建筑模式创新尝试。幸运的是，这种规划设计风格被财大的决策者接受和认可，并保证了项目实施的完成度。当然，实践的结果是否能如建筑师期望的那样改进现有高校教育环境的固化，或是从心理层面对学生、教师的行为意识产生积极影响，还有待时间的检验。

但不管如何，改变是必须的。

过去十余年，国家持续大力推行的高等教育改革给高校发展带来巨大的机遇，众多有条件的高校不失时机地推进了一轮"行业兼并重组"，原有环境难以达成大量内外教育资源的整合以及集产学研为一体的高教新模式发展，各种规模型新校区的建设也就应运而生。

然而，遗憾也正在于此。

一些主流院校新校区的规划设计模式千篇一律，即构建总体秩序暨"权力的秩序"，教育行政化的梦魇挥之不去，"本是塑新之良机，孰料又添旧壁垒"。与旧体制时代所建老校区的形态格局相比，多一脉相承且了无新意，唯规模、尺度、气势益增耳。如此格局的教书育人和科学研究之环境与高等教育源本的学术创新、自由、独立之精神只能是背道而驰。教育改革根本上是要从制度意识出发，物质环境的推波助澜亦不可或缺。从这个意义上来说，教育者需要反思，建筑师需要深思。

中央财经大学沙河新校区的建设就为我们提供了这样一个思考和改变的机会。

新校区的规划设计理念源自美国学者C·亚历山大、S·安吉尔、M·西尔佛编著的关于大学校园规划的经典著作《俄勒冈实验》一书，其核心思想是“有机秩序、参与、分片式发展、模式、诊断、协调”“六原则”设计论。具有戏剧性的是，为设计团队推荐此书的正是财大主管本项目的副校长、经济学博士王瑶琪女士，经济学者和建筑师在这里产生了共鸣。笔者以为，从经济学的角度解读《俄勒冈实验》中阐述的设计思想，很大程度上正是自由市场经济学（有机秩序或为自然秩序）在建筑学专业上的折射，其更注重对个体的关怀，更具人文精神。经济学是一切社会活动的理论基础，这也就不难解释为何众多大学校园规划建设指导思想重行政化、争相体现权力意志的现象了。中央财经大学新校区的建筑实践正是要从根本上打破这一点，重塑与高等教育背景相协调的建筑环境。

改变由此而生。

“明辨之路是争论，而非顺从”。就身处高等教育专门行业重要地位的中央财经大学来说，多一点这样的学术争论，对经济学专业教育的发展甚至国家的经济层面都是一件好事，争论的背后更有利于明辨大势的方向。我们有理由相信，更科学的学术理论、更杰出的人才更有可能孕育在这样的环境模式中。或许这就是当初建筑师和业主共同创新实践时潜意识中最期待的结果。从这个意义上来说，我们的建筑实践还远非完美，有待深入思考和解决的问题还很多，要走的路也还很长。

图书在版编目（CIP）数据

中央财经大学新校区教学区设计 / 潘国林主编.
北京：中国建筑工业出版社，2013.7
（建筑创作新设计作品100丛书）
ISBN 978-7-112-15547-7

Ⅰ.①中… Ⅱ.①潘… Ⅲ.①高等学校－建筑设计－
北京市 Ⅳ.①TU244.3

中国版本图书馆CIP数据核字(2013)第137663号

责任编辑：徐晓飞　张　明
责任校对：姜小莲　王雪竹

建筑创作新设计作品100丛书
中央财经大学新校区教学区设计
潘国林　主编
*
中国建筑工业出版社出版、发行（北京西郊百万庄）
各地新华书店、建筑书店经销
北京雅昌彩色印刷有限公司制版
北京雅昌彩色印刷有限公司印刷
*
开本：889×1194毫米　1/24　印张：5 2/3　字数：110千字
2013年9月第一版　2013年9月第一次印刷
定价：58.00元
ISBN 978-7-112-15547-7
（24148）